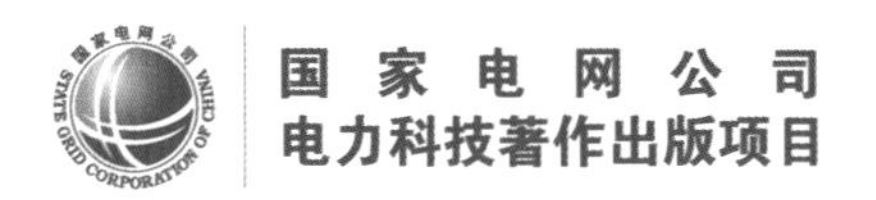

科普系列图书
CSEE-SP12-2018-B7

电气化小分队科普故事

蓝天保卫战

组编　中国电机工程学会
　　　中国电机工程学会智慧用能与节能专委会
主编　单葆国　王金波
编写　李江伟　景天竹　张　玲　张富梅
绘图　厦门诺熙文化传播有限公司

中国电力出版社
CHINA ELECTRIC POWER PRESS

电气化小分队主要人物介绍

白晓丽

B市电视台记者，美貌与智慧兼得，性格豪爽，朋友们爱叫她晓丽。

刘奔泉

B市电力公司工程师，身材高大，爱踢足球，朋友们都叫他大奔。

裘　志

B市某大学经济系讲师，从小就是学霸，因体型较胖，朋友们都叫他球球。

三人是中学同学，趣味相投，经常一起聚会。

面对来势汹汹的雾霾，电气化小分队主动作为，积极向百姓宣传推广各种用电代替污染环境的煤和燃油的解决方案。在满足人们生产和生活需要的同时，努力减少污染物排放，守护城市蓝天。

目录

1 电气化小分队成立

已经是第 5 天了，B 市 PM2.5 连创新高，工厂限产，车辆限行。下午 6：00 天已经黑了，晓丽带着厚厚的口罩，急匆匆从台里出来，今天要去参加一个同学聚会……

晓丽你怎么啦？发这么大火！

是啊，是啊！谁惹我们白大小姐啦？吓我一跳！

这烂天，就没办法了吗？连日的雾霾导致呼吸道疾病多发，今天去医院采访，前来看病的市民挤得水泄不通！
门诊部

市第一医院

有个出生才6个月的小孩，得了肺炎，需要输液，由于血管太细，护士在头上下了针。

注射室已没有位置，孩子妈妈只能坐在过道的椅子上，低头看着熟睡的孩子，眼泪扑簌扑簌的滴下来。

孩子爸爸双手撑着墙壁，用身体挡着背后往来拥挤的人流……

你小声点！这两天没风，等挨过这几天，来风了，就好了！

总得干点什么，不能就这么等着吧？
那是不能，不能……

好啦！好啦！天这个样子，谁心情都不好，都少发牢骚，说点建设性意见。

天成这样，有天气原因，但关键是人为因素...

你说的对！我看过一篇报告，我市雾霾的来源主要有三个：一是燃油机动车，二是燃煤，三是工业生产……

其实我单位对降低这些污染物排放，研究了解决办法，也做了一些实验工程，效果还是不错的。概括而言，就是用电代替污染环境的煤和燃油，用于满足人们的生产和生活需要……

哎！这个办法靠谱！用电代替煤和燃油一点儿也不污染环境。
你们怎么不早点行动啊？

要推广用电代替煤和燃油的方案，光靠我们一家的力量是远远不够的，关键是让市民了解这些办法，支持我们进行施工改造!

这我擅长啊！你还有我们呀！我们可以一起帮忙！

球球，你们学经济的看问题最理性，你要多出主意噢！

没问题！这事既利己又利他，好！

大家主动作为，齐心协力，保卫蓝天！
就这么定了！
干杯！

我负责制定解决方案，球球对方案进行经济分析，晓丽负责宣传报道.......

报告队长！我们还得先有个响亮的好队名呢！我们就叫.....

电气化小分队!
打赢蓝天保卫战！
电气化小分队成立啦！

有问有答

1 什么是雾霾？

雾霾是雾和霾的组合，雾和霾的区别很大。雾是由大量悬浮在近地面空气中的微小水滴或冰晶组成的气溶胶系统，是近地面层空气中水汽凝结的产物。雾的存在会降低空气透明度，使能见度恶化，如果目标物的水平能见度降低到1000米以内，就将悬浮在近地面空气中的水汽凝结物的天气现象称为雾。霾是由悬浮在大气中的大量微小尘粒、硫酸、硝酸，有机碳氢化合物等粒子组成的。它也能使大气浑浊，能见度恶化，如果水平能见度小于10000米时，将这种非水成物组成的气溶胶系统造成的视程障碍称为霾，也称灰霾。

当遇到大气混浊、视野模糊的天气时，如果空气非常潮湿（相对湿度大于90%），则一般是雾造成的；如果空气相对干燥（相对湿度低于90%），则主要是霾或雾和霾的混合物造成的。中国不少地区将雾并入霾一起作为灾害性天气现象进行预警预报，统称为“雾霾天气”。高密度人口的经济及社会活动必然会排放大量细颗粒物（PM2.5，空气动力学当量直径小于等于2.5微米的颗粒物），一旦排放超过大气循环能力和承载度，细颗粒物浓度将持续积聚，此时如果遇上静稳天气，极易出现大范围的雾霾。

2 雾霾形成的原因是什么？

雾霾的源头多种多样，比如汽车尾气、工业排放、建筑扬尘、垃圾焚烧等，雾霾天气通常是多种污染源混合作用形成的。

我国是世界上最大的煤炭消费国，工业燃煤型工艺用热和北方冬季燃煤型采暖排放的二氧化硫、氮氧化物、烟粉尘等是空气当中的主要污染物。机动车尾气也是重要空气污染物，随着城市机动车快速增加和拥堵加剧，机动车尾气在雾霾颗粒来源中占比越来越大。

一旦空气污染物排放量超过了由当地气候、气象和地形等条件决定的大气环境容量，污染物不能迅速扩散，聚集在一起的污染颗粒物就会经过化学反应产生二次颗粒物，与直接排出的一次颗粒物叠加，导致大气中颗粒物迅速上升产生雾霾。以机动车尾气为例，虽然尾气中一次颗粒物浓度并不高，但在大气中通过多种化学物理过程被转化为大量的硝酸盐、铵盐和二次有机气溶胶等二次颗粒物。二次颗粒物对PM2.5的贡献率高达60%，在成霾时二次颗粒物所占比例往往更高。

3 什么是电能替代？为什么说实施电能替代是治理雾霾的重要途径？

电能替代是在终端能源消费环节，使用电能替代散烧煤、燃油的能源消费方式，简称以电代煤、以电代油。“以电代煤”主要是在工业生产领域，推广电锅炉代替燃煤锅炉；在居民生活中，用电采暖代替散煤燃烧供暖；通过这些手段减少直燃煤的燃烧，减少污染排放总量。“以电代油”主要是通过发展电动汽车、电气化轨道交通、农田电气化灌溉等方式降低燃油的使用和污染排放。

实施电能替代可以减少大气污染物排放。电能属于零污染物排放的二次能源，利用电能替代用于燃煤（油）锅炉、燃油汽车等产生污染物排放的传统化石燃料，可有效减少燃煤灰渣、硫氧化物、氮氧化物等的排放，从源头上有效治理雾霾。

此外，实施电能替代，有利于提高能源利用效率，可达到节省能源消耗的效果。电能是优质、高效、清洁的二次能源，电能在终端能源消费中每提高1个百分点，单位GDP能耗可下降3%～4%。电能的终端利用效率能够超过90%，而燃煤的终端利用效率一般低于40%。电力在终端领域创造经济价值的效率为石油的 3 倍、煤炭的17倍。即1吨标准煤*当量的电力创造的经济价值相当于3吨标准煤当量的石油、17吨标准煤当量的煤炭创造的经济价值。

4 为什么说电能替代是国家战略？

2016年5月，国家发展改革委员会等八部委联合印发了《关于推进电能替代的指导意见》（发改能源〔2016〕1054号），从推进电能替代的重要意义、总体要求、重点任务和保障措施四个方面提出了指导性意见。这是首次将电能替代上升为国家落实能源战略、治理大气污染的重要举措。

实施电能替代有利于构建层次更高、范围更广的新型电力消费市场，提升我国电气化水平，提高人民

* 标准煤是指热值为7 000千卡（29 307千焦）/千克的煤炭。由于煤炭、石油、天然气、电力及其他能源的发热量不同，为了使他们能进行比较，通常采用标准煤这一标准折算单位。

群众生活质量，带动相关行业拓展新的经济增长点。在这样的背景下，国家部委陆续出台了《关于推进电能替代的指导意见》、京津冀“煤改电”、船舶与港口污染防治专项行动等电能替代政策要求。各地政府也出台了规划、补贴、价格、环保等一系列电能替代配套落实政策，为电能替代发展创造了良好的政策环境。

延伸阅读

北京PM2.5哪来的？

2018年5月14日，北京市环保局发布了“北京市2017年大气PM2.5精细化来源解析”研究成果。该研究由北京市环保监测中心联合清华大学、中科院大气物理所、北京大学等单位完成。

北京市长期持续开展颗粒物监测、研究和来源解析等工作。2014年首次发布PM2.5来源解析结果，为清洁空气行动计划提供科学依据。2014年公布的PM2.5来源解析显示，区域传输占28%~36%，北京本地污染排放占64%~72%。在本地污染

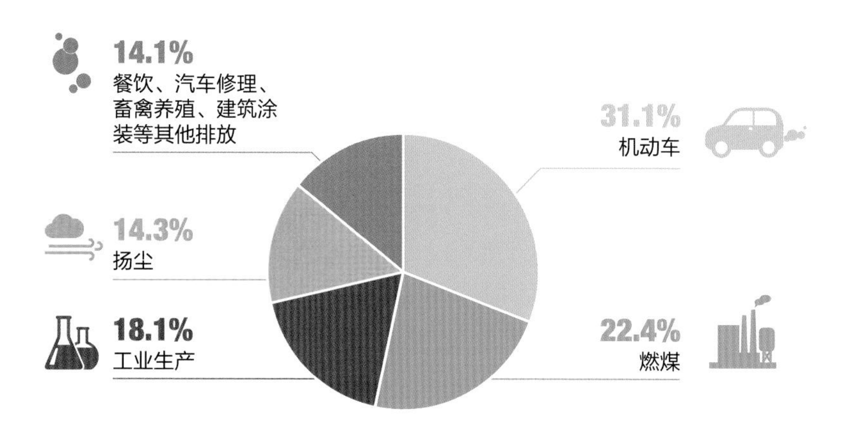

2014年北京市本地PM2.5污染源构成图

贡献中，机动车、燃煤、工业生产、扬尘为主要来源，分别占31.1%、22.4%、18.1%和14.3%，餐饮、汽车修理、畜禽养殖、建筑涂装等其他排放约占14.1%。

本次PM2.5来源解析表明，2017年PM2.5年均浓度58微克/立方米，较上年同比下降20.5%。北京市全年PM2.5主要来源中本地排放占三分之二，区域传输占三分之一，随着污染级别增大，区域传输贡献上升，重污染日区域传输占55%~75%。现阶段，北京本地排放贡献中，移动源、扬尘源、工业源、生活面源、燃煤源分别占45%、16%、12%、12%、3%，农业及自然源等其他污染源约占12%。

“2014年至2017年的四年间，北京市的各主要排放源对PM2.5浓度的绝对贡献量，全面明显下降；本地源呈现两升、两降、一凸显的特征。”北京市环保监测中心副主任刘保献说。从绝对贡献量来看，北京市全部污染源类别的贡献都明显下降，燃煤下降幅度最为显著，这与北京市大力实施以电代煤、以气代煤和淘汰燃煤小锅炉有关；从相对贡献率来看，移动源、扬尘源贡献率表现为“两升”，燃煤和工业源贡献率实现“两降”，生活面源贡

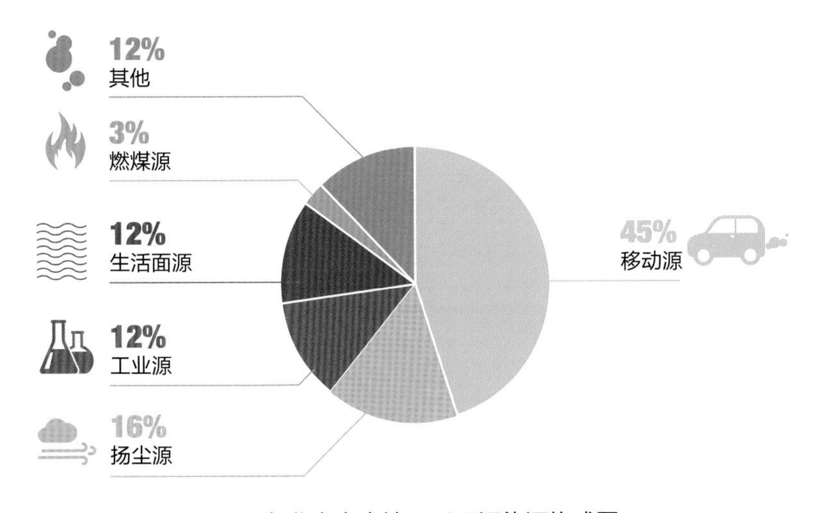

2017年北京市本地PM2.5污染源构成图

献率进一步凸显，达到12%。

北京本地排放中，移动源独大，占比达45%，其中在京行驶的柴油车贡献最大。在全年不同时段、不同空间范围内，移动源均是北京市大气PM2.5的首要来源。

此次公布的源解析研究表明，区域传输占26%～42%，约三分之一，且随着污染级别的增大，区域传输贡献呈明显上升趋势：中度污染日（PM2.5日均浓度在115～150微克/立方米之间）区域传输占34%～50%；重污染日（PM2.5日均浓度>150微克/立方米）区域传输占55%～75%。与上一轮源解析结果相比明显上升。

根据此次研究结果，专家建议：一是强化对移动源（特别是柴油车）、扬尘和生活面源的治理；二是继续深化区域联防联控工作，聚焦重点时段、重点传输通道，优化产业布局，加强重污染期间应急联动；三是持续加强科技支撑，提升科技治污、精准治污能力。

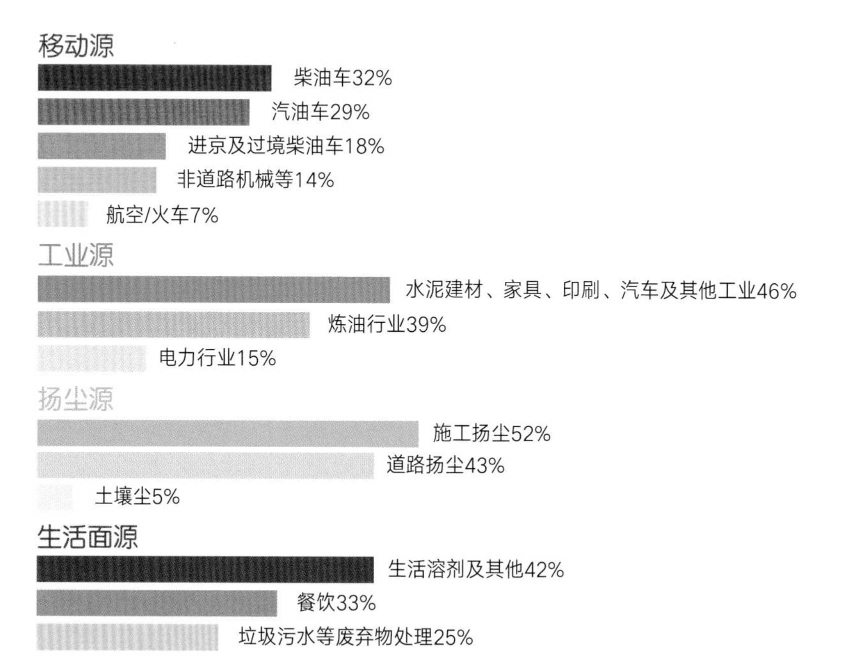

2017年北京市本地各排放源构成图

2 清洁供暖

一天上午，晓丽如约与球球、大奔在育英小学校门前会合。大奔的公司刚在这所学校完成了燃煤锅炉改电锅炉供暖项目，晓丽带着摄像师，以跟拍的方式报道这项清洁供暖工程。

三年级(2)班

TV

哔
温度：18C°
湿度：30%

嗯，这教室温度正合适！
今天天气好，暖气不用烧太热，天气一冷，暖气温度自动就上来了。

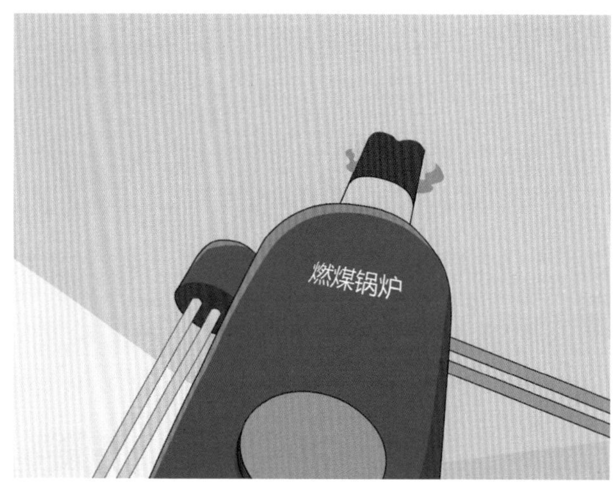
燃煤锅炉

以前，学校用燃煤锅炉供暖，操心不说，而且锅炉老化，怎么烧都不觉得热。一到冬天就特别难熬。

今年，大奔帮我们把学校原来老旧的燃煤锅炉改造成清洁智能的电锅炉。

全校1800多名师生的供暖问题总算解决了！
智能电锅炉

现在教室里暖和多了，冬天上课再也不穿棉服了。

以前一到冬天就能看见学校锅炉烟囱冒着黑烟，上体育课时经常能闻到一股烟味儿，现在没有了。

清洁能源供热站
我们将过去的锅炉房改造成了清洁能源供热站。
TV

这是一套“电锅炉+储能”系统，它利用夜晚便宜的低谷电，通过电锅炉转化为热量储存在热库中。

白天再利用热库热量为用户供热。这样可以大大节省供暖费用。

6:00
供热
19:00
保温

通过智能温控装置可实现对教室温度的精准控制。学校上午6点多开始供热，七点半学生上学后教室里就暖和了。晚上7点，则采取保温模式，使教室温度维持在13度。

供暖是北方群众冬季的一件大事，温暖与清洁一直是大家的梦想，如今通过电气化改造，这一梦想变成了现实……
TV
清洁能源供热站
看来咱们家也需要改造一下了…

延伸阅读

1．了解更多电锅炉采暖

直热式电锅炉实物图

电锅炉是采用电阻式或电磁感应式加热器，将电能转化为热能的设备。电锅炉分为直热式电锅炉和蓄热式电锅炉两种。蓄热式电锅炉采暖是在夜间谷电时段*，利用电锅炉产生热量，然后将热量蓄积在蓄热装置中（目前蓄热方式主要包含热水蓄热和镁砂固体蓄热），在白天用电高峰时段，停止电锅炉运行，利用蓄热装置向外供热。蓄热式电锅炉充分利用低谷电价，可以大幅减少用电成本，但蓄热装置体积较大。直热式电锅炉没有蓄热装置，占地面积小，但运行费用较高。

蓄热式电锅炉实物图

* 谷电时段是低谷用电时段的简称，一般指用电单位较少、供电较充足的用电时段，如在夜间，这个时间段的电费标准较低。与低谷用电时段相对的是高峰用电时段，一般指用电单位较集中、供电紧张的用电时段，如在白天，这个时间段的电费标准较高。这种按照高峰用电时段和低谷用电时段分别计算电费的机制叫峰谷电价机制，也称分时电价机制。实行这种电价机制有利于调动用户均衡用电的积极性，缓和电力供需矛盾。

2. 工业电窑炉替代燃煤冲天炉

湖南郴州某铸业公司使用燃煤冲天炉，熔化一吨矿石原料消耗0.187吨焦煤，按每吨焦煤800元计算，一吨矿石原料用焦煤成本149.6元。后来，该企业采用铸造中频炉*替代燃煤冲天炉生产，一吨矿石原料消耗640千瓦时电能，且安排在夜间生产，按低谷电价每千瓦时0.457元计算，一吨矿石原料用电成本292.48元。由于铸造中频炉生产的产品质量提高，市场竞争力提升，市场销售价格提高20%～30%，改用铸造中频炉后，该企业累计一年可节省成本约20万元。

该项目每年可减少506.32吨标准煤消耗，减少1262吨二氧化碳、38吨二氧化硫、19吨氮氧化物、344.3吨粉尘的排放。

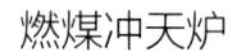

燃煤冲天炉

铸造中频炉

* 铸造中频炉是工业电窑炉的一种，它是使用300～1000赫兹交流电在金属材料中产生涡流发热，用于熔化金属进行铸造的设备。具有温控精度高、熔炼速度快，提高产品档次、经济效果好，无污染物排放、改善劳动环境等特点。

3 “煤改电”辩论会

红星村村委会正在举行一场别开生面的“煤改电取暖辩论会”，球球、大奔代表电气化小分队，张大妈、李大爷代表散烧煤取暖农户，双方就“煤改电”中农户关心的问题展开唇枪舌剑……

煤改电取暖辩论会
裘志
刘奔泉
张大妈
李大爷
电气化小分队
散烧煤取暖农户

这“煤改电”谁用得起啊？听说一天一夜的电费要100元，老百姓一天挣多少钱？

以前一冬取暖费才两三千，现在一个月就两三千，一冬光取暖花费就要1万元，还让不让人活了？
张大妈
李大爷
散烧煤取暖农户

大妈您别着急，我们先请已完成“煤改电”的李家村的李大爷来说说。
裘志
刘奔泉

李大爷，您家一个月供暖电费多少钱？
裘志

我家的取暖设备从10月19日开始使用，全天开着，室内温度在21度左右。

到今天11月21日，电表走了1228个字（度），合每天用电37度左右。
1228.10 kWh
有功
无功
跳闸
红 外
报警

这一个月的电费不到400块钱，估计一个采暖季下来跟烧煤差不多。
张大妈
李大爷
散烧煤取暖农户

但是省心啊，不用担心煤气中毒，屋子里也干净不少！

我查了市政府网站，政府对"煤改电"的家庭给予电价优惠补贴。

*1度=1千瓦时。

在晚20：00至次日8：00享受0.3元/度的低谷电价，同时，政府补贴0.2元/度，合着夜间用电一毛钱一度*。
20:00
8:00

李大爷家安装的是功率3.08千瓦的空气源热泵设备，按照这个数据，如果24小时开机，估算日用电量是74度，电费近40元。

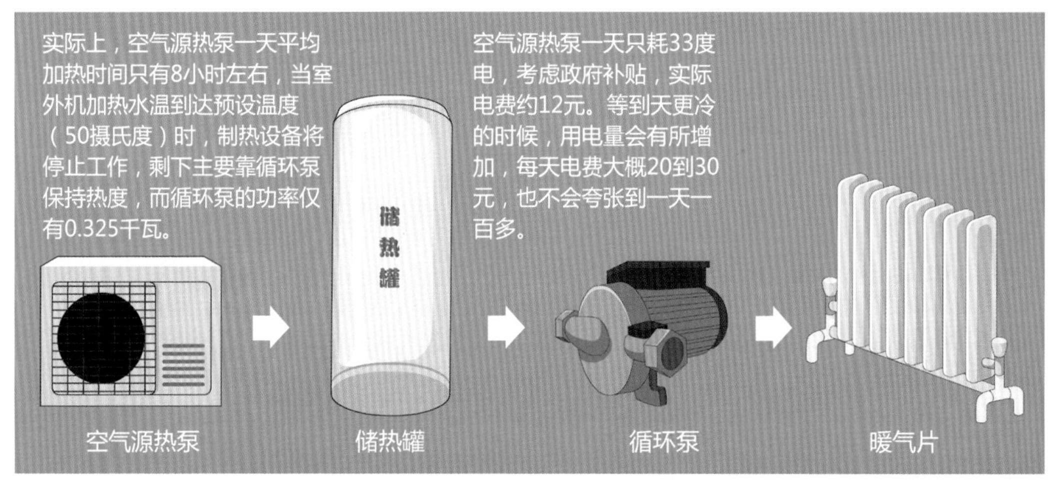
实际上，空气源热泵一天平均加热时间只有8小时左右，当室外机加热水温到达预设温度（50摄氏度）时，制热设备将停止工作，剩下主要靠循环泵保持热度，而循环泵的功率仅有0.325千瓦。
空气源热泵一天只耗33度电，考虑政府补贴，实际电费约12元。等到天更冷的时候，用电量会有所增加，每天电费大概20到30元，也不会夸张到一天一百多。
储热罐
空气源热泵
储热罐
循环泵
暖气片

装空气源热泵还要买这么一堆东西，为什么不用电暖气？

我们通过多种取暖设备使用效果的对比，发现直热式电暖器虽然热得快，也能满足家庭取暖要求，但耗电量太大，电费太高，不太适合推广使用。

*各地补贴政策不同。

这空气源热泵多少钱一套？
张大妈

这得看您家的房屋面积，不同制热面积，空气源热泵的价格也不一样。

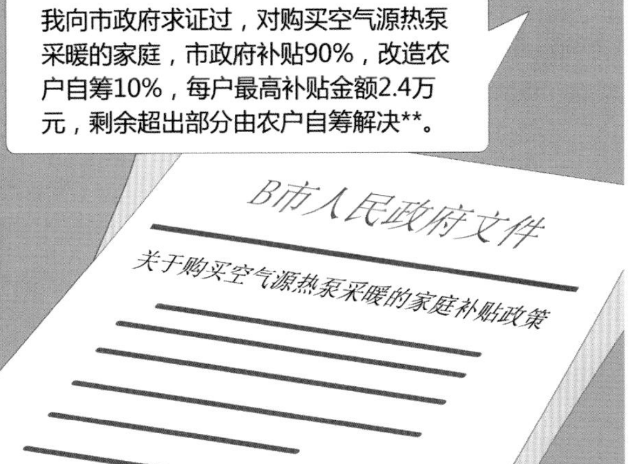
我向市政府求证过，对购买空气源热泵采暖的家庭，市政府补贴90%，改造农户自筹10%，每户最高补贴金额2.4万元，剩余超出部分由农户自筹解决**。
B市人民政府文件
关于购买空气源热泵采暖的家庭补贴政策

那万一停电了，咋办？

放心！我们逐条线路、逐个村庄编制了“煤改电”供电保障方案，还有发电车应急接入和供电线路故障处置应急部署，保您一个冬天亮亮堂堂、暖暖和和的！
百姓温暖度冬应急专用车

*各地补贴政策不同。

小伙子，“煤改电”我是举双手赞成，可我们烧散煤过冬才用多少煤呀，发电厂才是用煤大户！

火车每天一列一列地往电厂送煤，你们应该重点去管管发电厂啊！

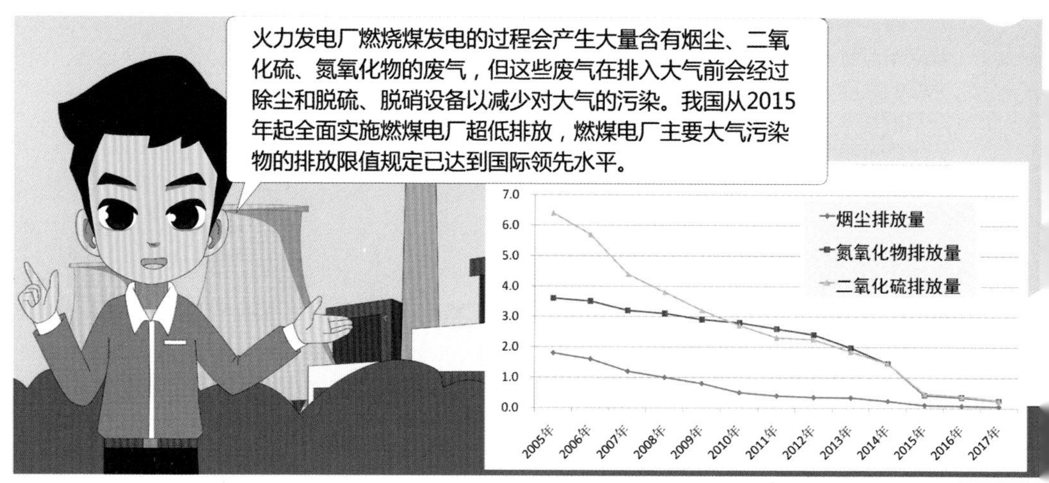
火力发电厂燃烧煤发电的过程会产生大量含有烟尘、二氧化硫、氮氧化物的废气，但这些废气在排入大气前会经过除尘和脱硫、脱硝设备以减少对大气的污染。我国从2015年起全面实施燃煤电厂超低排放，燃煤电厂主要大气污染物的排放限值规定已达到国际领先水平。
烟尘排放量
氮氧化物排放量
二氧化硫排放量
7.0
6.0
5.0
4.0
3.0
2.0
1.0
0.0
2005年
2006年
2007年
2008年
2009年
2010年
2011年
2012年
2013年
2014年
2015年
2016年
2017年

散烧煤燃烧后直接排入大气，没有经过除尘和脱硫、脱硝设备，直接排放的烟尘、二氧化硫是用于发电的8倍和4倍。

原来如此！有这么多好处，我们都支持“煤改电”！
张大妈
李大爷

有问有答

1 什么是燃煤电厂超低排放？

燃煤电厂超低排放是指火电厂燃煤锅炉采用多种污染物高效协同脱除集成系统技术，使其排放的烟尘、二氧化硫、氮氧化物排放浓度分别不高于5、35、50毫克/立方米，燃煤机组平均除尘、脱硫、脱硝分别达到99.95%、98%、85%以上，均大幅低于GB 13223—2011《火电厂大气污染物排放标准》规定的大气污染物排放限值。

2015年12月2日，国务院常务会议通过了《全面实施燃煤电厂超低排放和节能改造工程工作方案》，要求东、中、西部有条件的燃煤电厂分别在2017年底、2018年底、2020年底前实现超低排放。

2 为什么说我国的煤炭应该主要用于发电？

我国是世界第一能源消费大国，能源消费结构与发达国家有很大的不同。2017年我国能源消费中煤炭消费占总量60.4%，其中电煤（用于发电的煤）占51%，而发达国家用于发电的煤炭却占了煤炭消费的80%以上。燃煤发电是煤炭高效、清洁、低排放利用的重要途径。燃煤发电过程产生的大量含有烟尘、二氧化硫、氮氧化物的废气在排入大气前会经过除尘和脱硫、脱硝设备以减少对大气的污染，而其他用煤设施都是煤炭燃烧后直接排入大气。单位煤炭直接燃烧、直接排放的二氧化硫、烟尘是其用于发电的4倍、8倍。因此，我国应该用电力或天然气等无碳或低碳能源替代发电以外的用煤，不断提高电煤在煤炭消费中的占比。

3

当前我国燃煤电厂污染物排放情况如何？

根据《中国电力行业年度发展报告2018》，2017年全国燃煤电厂烟尘、二氧化硫和氮氧化物排放量分别为26万吨、120万吨和114万吨，分别比上年下降25.7%、29.4%和26.5%。每千瓦时火电发电量的烟尘、二氧化硫和氮氧化物的排放量分别为0.06克、0.26克和0.25克，比上年分别下降0.02克、0.13克和0.11克。

延伸阅读

热泵知多少？

热泵实质上是一种热量提升装置，它本身消耗一部分能量，把环境介质中储存的能量加以挖掘，提高温位进行利用。整个热泵装置所消耗的能量仅为供热量的三分之一或更低，这是热泵的节能特点。

热泵的工作原理与空调制冷的工作原理是一致的。液态工质首先在

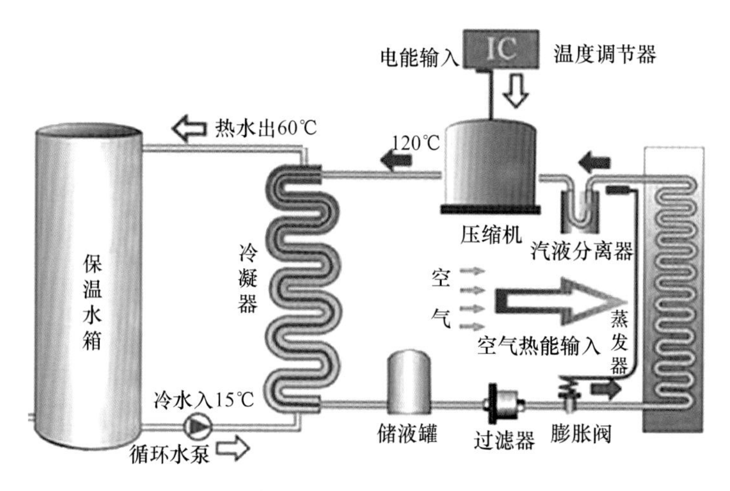

热泵工作原理图

蒸发器内吸收低温热源的热量而蒸发形成蒸汽（汽化），而后气态工质经压缩机压缩成高温高压的气体，进入冷凝器内冷凝成液态（液化），把吸收的热量释放出来传递到需要加热的水中。液态工质经膨胀阀降压后重新回到蒸发器内，吸收外部低温热源热量蒸发而完成一个循环。如此往复，不断吸收低温热源的热量而输出到所加热的水中。

空气源热泵实物图

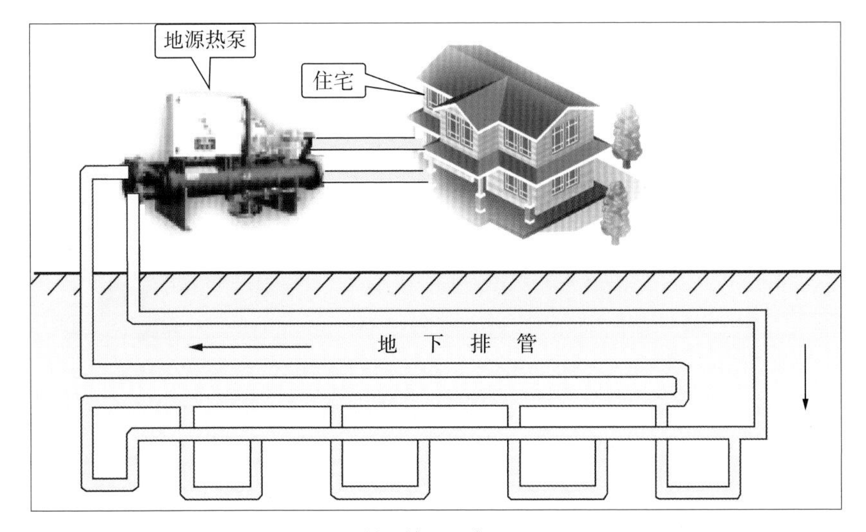

地源热泵示意图

热泵的性能一般用制热能效比（COP）来评价，即热泵的制热量与热泵的额定功率的比率，热泵制热能效比可达3～5。

热泵根据采热源不同可以分为水源热泵、地源热泵、空气源热泵。水源热泵是利用热泵机组吸收地下水的热量进行供热；地源热泵是利用热泵机组吸收土壤中的热量进行供热；空气源热泵是利用热泵机组吸收空气中的热量进行供热。

4 岸电上船

一天，晓丽乘轮船回家，在码头等船时她惊喜地发现轮船的大烟囱不冒黑烟了，那股呛人的柴油味也闻不到了，这是怎么回事呢？

快尝尝我从咱们老家带来的特产！

哎！你们多长时间没坐船回家了？

以前回老家要坐一宿的船，自从前年开通了高铁，我就再也不坐船回家了。

上周我为了怀旧，特意买船票坐轮船回家。可我在码头等船时，那股刺鼻的油烟味却闻不到了。

是吗？!每次坐船回家，我都被船上那股油烟熏得头疼!

岸电上船???
你们哪天有空？我带你们去码头看看就知道了。这是我们“岸电上船”的结果!

以前，船舶靠岸后船上的柴油发电机必须持续运行，以保持船舶设备的正常运作。

这也意味着船舶继续将柴油发电机未燃烧充分的柴油颗粒排放到空气中，也就是我们闻到的油烟味。实施“岸电上船”后，船舶停靠码头时，停止使用船舶上的柴油发电机，转而使用码头上的电网电向船载系统供电。

第二天一大早，好奇的晓丽就跑到码头。她看到一艘大轮船停靠码头之后，三根黑色的电缆从岸边的电缆箱里延伸出来，接到船上。很快，船上柴油发电机的轰鸣声没有了，船上烟囱的黑烟也不见了。
走！我们去船上看看！

你好！张轮机长！

哟！是白记者呀！欢迎，欢迎！

这船上的发电机怎么停止运行了，船上的供电问题如何解决呀?
船舶靠岸后，我们要从船电转成岸电，船上的柴油发电机就停止运行了。

我带你们去机房看看！

从船电改岸电对咱们船舶使用方有什么好处呢？
这好处可多了！接上岸电船就不烧油，一天大概能省两吨油！

停靠五天可节约10吨油，对节能减排有利，并且用岸电比用油要划算。
省

再就是使用岸电后，我们船员的工作环境有了很大的改善，噪声非常非常小。

从船电改岸电技术上复杂吗？

船上的用电电压和频率与电网的是不一样的！

主要是岸电那边要按照船上的用电需求进行一些技术改造。

打个比方，从船上放下的电缆就好比是一个插头，岸边的供电设施就好比一个插座。

实施"岸电上船"后，靠岸船舶基本上实现了零排放、零油耗、零噪声……

有问有答

1 造成港口空气污染的根源是什么？什么是港口岸电？

港口大气环境污染可划分为船舶航行运输过程产生的大气污染物排放和港区码头作业产生的大气污染物排放。船舶停靠港口作业期间，为保证船舶的基本运行和装卸货物的顺利，轮船引擎并不会熄火。随着大功率辅助柴油机的轰鸣，大量的一氧化碳、二氧化碳、硫氧化物、氮氧化物以及可吸入颗粒物等被排放到港口的空气中，造成了港口空气的严重污染。根据统计，船舶靠港停泊期间由其辅助柴油机所产生的碳排量占港口总碳排量的40%至70%，是影响港口及所在城市空气质量的重要因素。据国际海事组织（IMO）统计，每年船舶业排放约11亿吨二氧化碳和约1600万吨硫氧化物，分别是全世界汽车排放量的2倍和200倍，并且这个数字还在持续增长中。此外，码头作业机械（如龙门吊）和港区集装箱运输车辆的柴油机产生的燃油废气排放，也是造成港口空气污染的重要来源。

为应对港口污染问题，港口岸电技术应运而生。港口岸电包括船舶岸电（岸电上船）、港口作业机械和运输车辆“油改电”技术。船舶岸电技术是指船舶进坞、靠港检修或靠港停泊期间，不再采用船上辅机燃油发电，改由陆地提供的供电系统（岸电）为船舶的照明、通信、空调、水泵、夹板机械或吊车等供电。船舶靠港使用岸电可以基本实现零排放、零油耗、零噪声。港口作业机械“油改电”主要是指港口龙门吊利用电网供应的电力替代传统柴油机作为龙门吊车的动力。港口运输车辆“油改电”是指用电动汽车替代港口的重型柴油货车。

2 国内外岸电推广情况如何？

2000年瑞典歌德堡成为世界上第一个为靠泊船舶提供岸电服务的港口。欧盟2006年通过法案（2006/339/EC），要求欧盟港口靠泊船舶一律使用岸电。美国高度重视港口环保，实施凡是停靠美国港口码头的远洋、近洋、拖轮和驳船等，一律使用岸电，严禁船舶内燃机自行发电。

近年来，我国生态文明战略和法律法规对靠港船舶使用岸电提出了新的更高要求。2016年1月1日实施的《中华人民共和国大气污染防治法》规定：“新建码头应当规划、设计和建设岸基供电设施；已建成的码头应当逐步实施岸基供电设施改造。船舶靠港后应当优先使用岸电。”国务院《“十三五”生态环境保护规划》《“十三五”节能减排综合工作方案》和交通运输部《船舶与港口污染防治专项行动实施方案（2015—2020年）》都对推动船舶靠港使用岸电提出了明确要求。

2017年7月24日，交通运输部印发了《港口岸电布局方案》，这是我国针对港口岸电设施建设的第一份顶层设计文件，其出台对推动我国港口岸电设施有序建设、引导船舶靠港使用岸电将起到积极作用，对促进水运供给侧结构性改革和绿色发展具有重要意义。

《港口岸电布局方案》提出2020年实现全国沿海和内河主要港口以及船舶排放控制区内港口50%以上已建的集装箱、客滚、邮轮、3千吨级以上客运和5万吨级以上干散货专业化泊位具备向船舶提供岸电的能力。此岸电覆盖率目标，基本做到与2020年我国的港口发展水平和区域污染防治水平相适应。同时，《港口岸电布局方案》提出，对岸电需求较大、基础条件较好的港口，鼓励其加快岸电设施建设，争取实现100%的泊位岸电覆盖率，加大靠港船舶使用岸电的力度。

延伸阅读

1．某集装箱码头龙门吊改用电力作动力

深圳某集装箱码头共有龙门吊128台，全部采用柴油作为燃料，一台龙门吊每自然箱操作平均消耗柴油2.03升，一年下来约消耗15万升柴油。按目前油价计算，每台龙门吊每年需油费约90余万元，128台龙门吊每年就要“吃掉”上亿元。而且，由于柴油燃烧不充分，向大气中排放出大量黑烟，同时，柴油机工作发出巨大的噪声，港口工作环境较差。

后来进行“油改电”技术改造，将“吃油”的龙门吊改成电力驱动，一台龙门吊每自然箱的作业能耗为3千瓦时。每台龙门吊每自然箱操作成本降低80%以上，若按每台龙门吊每年操作50000吊次计算，每吊次节约燃油成本8元，那么每台电力驱动龙门吊每年可节约燃油成本40万元，128台龙门吊一年就可以节省成本5120万元。另外，“油

改电”以后，原来燃烧柴油排放的二氧化碳、二氧化硫、氮氧化物和固体颗粒物等直降95%、噪声污染降低30%，大大改善了港口的工作环境。所投入技术改造费用两年即可收回成本。

2. 机场桥载设备替代飞机辅助动力装置（APU）

飞机在起飞前由机上的辅助动力装置（Auxiliary Power Unit，APU）供电来启动主发动机，在地面停靠及滑行时由APU提供电力和压缩空气，保证客舱和驾驶舱内的照明和空调。APU的核心部分是一台小型涡轮发动机，与飞机的主发动机一样使用航空燃油并排放废气。

机场桥载设备主要包括400赫兹静止变频电源和飞机地面专用空调。400赫兹静止变频电源是将电网380伏/50赫兹的电力转换成稳定的飞机上使用的115伏/400赫兹电源的地面设备，为飞机在地面停留期间提供电能。飞机地面专用空调是在飞机停靠廊桥期间，为飞机客舱和驾驶舱提供冷（热）空气的专用空调机组。

400赫兹静止变频电源和飞机地面专用空调依靠地面电网电力提供能源，在飞机靠桥期间可以关闭APU，从而有效节省航空燃油，同时不产生废气和噪声，优于APU向飞机提供电源和空调。

如果一个机场每天有100个过站班次，不用APU而使用地面电源，则每年少排放氮氧化物约20吨，二氧化碳约80吨。此外，关闭APU将使登机桥附近的噪声大大减小，既有利于为机场机务、场务工作人员营造一个良好的工作环境，又有利于给登机旅客带来更舒适的乘机感受。

5 电动汽车初体验

晓丽到一家企业采访，采访工作结束正赶上下班高峰，等了好久也没打到出租车。晓丽发现这里离球球所在的大学不远，就给球球打了电话……

唉！不知几点
才能到家呀！

嗨！美女要搭车吗?

呀！球球！你换
新车了呀！
嗯，是呀！快上
车，我送你一程。

“EV”！球球你买的还是
一辆纯电动汽车啊。

EV

17:35
17:35

谈谈用车感受呗!

车很不错！我很满意！你看——这车行驶很安静，加速凌厉，没有燃油汽车加速时发动机发出的轰鸣声。

关键是环保啊！燃油车排放的尾气是造成雾霾的主要原因之一，而电动汽车使用过程中不产生废气，不存在污染环境的问题。

用车费用高吗？
电动汽车使用成本比我以前用的燃油车还低！我以前的燃油车百公里耗油量10升，合70元，而电动汽车的百公里耗电量15度，合18元*。

*各地补贴政策不同。

与燃油车相比，电动汽车结构更简单，运转传动部件更少，无需更换机油、油泵、消声装置等，也无需添加冷却水。后期维护保养费用也会省一些。而且，现在买电动汽车，政府还给补贴......
电动车义务推销员

电动汽车公司给你多少提成啊？我可听说了一大堆电动汽车的问题！比如，电动汽车续航里程短的问题。

续航里程问题我买车前也很担心，但使用后这种担心就不存在了。

这车的续航里程有300公里，我家离工作单位较远，每天往返100公里，再加上外出办事，一天100-200公里，用这车足够了。
100 km

我买车时电动汽车公司在我车位旁免费安装了充电桩，我回家就充上电，第二天早晨又“满血复活”！
power up

嗯！对我们上班族，一天能跑100-200公里，足够了！可是还有充电设施不足的问题呢。

我手机上装了一个叫“E充电”的应用。
e充电

可以帮我查找附近的充电桩，直接导航过去。

我到家啦。咦！快看!这车的能量输出怎么是负的？

18:10
44 km/h
-17
D

是！电动汽车是近年的新生事物，还有一个很长的发展过程。但面对来势汹汹的雾霾，在能够满足生活需要的前提下，我们还是要主动作为，尽量减少污染物的排放。

对！就像我们电气化小分队成立时说的主动作为！这样吧，你作为B市较早的电动汽车车主，我们电视台给你做一个跟踪报道，把你使用电动汽车的感受跟广大市民分享一下！

好啊！我要上电视喽 ！

有问有答

1
什么是汽车的制动能量回收系统？

制动能量回收是现代电动汽车重要技术之一，也是它的重要特点。在一般内燃机汽车上，当车辆减速、制动时，车辆的运动能量通过制动系统转变为热能，并向大气中释放。在电动汽车上，这种被浪费掉的运动能量已可以通过制动能量回收技术转变为电能储存于蓄电池中，并进一步转化为驱动能量。

当电动汽车减速和制动时，即切除电源时，电动汽车拖动电动机转子旋转，此时通过电路切换，往转子中提供功率较小的励磁电源，产生磁场，在电动机定子上感应出电动势。此时电动机类似于发电机的功能，是一个将机械能转化为电能的装置，所产生的电流通过功率变化器接入蓄电池，即为能量回收。与此同时，电动机转子受力减速，对汽车形成制动力。

一般认为，在车辆非紧急制动的普通制动场合，约五分之一的能量可以实现能量回收。汽车在市区运行时加减速频繁，制动耗散能量占总驱动能量的40%～50%，制动能量回收节能潜力巨大。

2 什么是电池的能量密度？

电池的能量密度（单位：瓦时/千克）指的是单位重量的电池所能储存的能量的多少。

能量密度是由电池的材料特性决定的，普通的铅酸电池的能量密度约为40瓦时/千克，是比较低的，无法用作电动汽车的动力电源。因为，如果使用铅酸电池驱动电动汽车行驶200公里以上，需要将近1吨的电池，这个重量太大了，无法在电动汽车上使用。

目前电动汽车的首选电池是锂离子电池，它的能量密度为100～150瓦时/千克，比铅酸电池高出2～3倍。但是，能量密度是一个变化的量，电池在使用多次以后能量密度会降低。而且电池的能量密度还随着环境的变化而变化，例如，在寒冷或炎热的天气，电池的能量密度会降低。

提高电池的能量密度是目前电动汽车动力电池研发中的重中之重，在安全性得到解决的前提下，如果电池的能量密度可以达到300～400瓦时/千克，就具备了与传统燃油汽车较量续航里程的条件。

延伸阅读

构建智慧车联网生态圈　实现“车—桩—路—网—人”有效连接

随着“互联网+”时代的不断发展，电动汽车早已不单纯是一种简单的交通工具，人们渴望它变成手机一样的智能终端，通过“车—桩—路—网—人”的有效连接，拥有更多附加功能，更好地服务生活。

“智慧车联网在2015年11月上线时，主要任务是实现充电设施的统一接入管理，让用户充电无忧。如今，经过两年多的发展，智慧车联网进入4.0时代，我们的目标是构建电动汽车生态圈。”国网电动汽车服务有限公司智慧车联网平台建设运维中心负责人史双龙说。目前，智慧车联网已累计接入超过23万个充电桩，并与南方电网、万帮星星充电、特来电等19家社会运营商实现互联互通。“正是有了强大的资源积累，电动汽车用户才能享受到日常充电、电动汽车租赁、充电桩运维等一系列增值服务。”史双龙说。

智慧车联网背后的理念，是人们在“互联网+”时代最为看重的“互联”与“共享”。“车—桩—路—网—人”的有效连接，让人们在智慧车联网平台上共享到了海量的信息与资源，也让电动汽车生态圈变得更加丰富。

私人充电桩共享是智慧车联网在充电服务中的一个创新之举。2017年年底，我国私人充电桩数量达到24万，且空闲率高达75%。如果电动汽车桩主将自家的充电桩并入智慧车联网平台，与其他车主共享，无疑将大大提高充电桩的使用效率，同时为自己带来收益。

家住北京朝阳区的张先生对于自家充电桩的使用频次仅为一周一次，2016年，他将自家充电桩共享后，第一年共享充电量便超过了9000度，扣除每度电0.47元的成本，一年共收入6600多元。

“自家的充电桩共享一段时间后，前来充电的车主群体逐渐固定下来。即便是有新车主前来充电，也只需通过APP跟我预约充电时间，在车位、充电桩空闲的情况下前来充电即可。找桩、充电及付费等一系列的流程，都可以通过手机APP完成。”张先生说。

这样的共享同样给前来充电的电动汽车车主带来实惠。据了解，私人充电桩电费为居民用电，充电费用大致在每度电1.1～1.5元，与大多数公共充电桩相比，仍具有一定的价格优势。

此外，国网电动汽车公司在智慧车联网平台上推出的“e约车”APP，把服务内容聚焦到了电动汽车本身。APP提供的分时租赁、长租短租、班车服务、社会运营等功能，将为用户提供更为高效便捷的绿色出行方案。

如今，“e约车”采用“时间+里程”方式计费，用户可以通过APP直观地看到车辆网点的位置、距离及导航线路，还可以根据实际需要选择合适的套餐，实时查看租车费用。“我们还在每个‘e约车’网点安排了外勤人员，随时对车辆进行整备、充电、维护，确保客户出行无忧。”史双龙说。

“如果智慧车联网与能源互联网相融合，那么只要接上充电桩，就接入了能源互联网。”在2018年年初召开的中国电动汽车百人会论坛上，国网电动汽车公司董事长、党委书记江冰描述了智慧车联网的发展方向——未来，智慧车联网为用户提供的将不仅仅是单纯的充电服务，电动汽车、充电桩还将与智能电网交互，甚至作为优质的储能资源，参与电网调峰，为更多人提供绿色低碳的清洁能源。

“基于电动汽车独特的能源、交通、通信多重属性，我们将通过有序充电、新能源消纳、V2G（Vehicle-to-Grid，网络化车辆）等技术应用，建立与电网、交通、通信、新能源发电、用户负荷等深度融合的能源系统生态圈。”国网电动汽车公司新能源服务分公司负责人彭晓峰解释说。

一组简单的换算可以让我们看到“电动汽车+”能源生态的巨大潜力：据预测，2030年，我国电动汽车保有量将达到1亿辆，车载动力电池的功率将超过10亿千瓦，这相当于50个三峡电站的发电功率，也几乎与我国目前所有的燃煤发电装机持平。在这样的情况下，电动汽车的车载动力电池就像是一块巨大的海绵，可以吸收电网大量的多余电量，并在恰当时间释放。

要做到这一点，就要通过智慧车联网平台，引导电动汽车在合适的时间、合适的地点充放合适的电量。目前，国家电网公司正在加快相关技术研究，并推动出台有序充电激励措施和峰谷分时电价，引导电动汽车有序充电。

有序充电是根据电网负荷情况和电动汽车车主充电需要，通过智能电表或智能充电桩，对电动汽车充电时间和充电量进行优化调度的创新服务。以上海静安艺阁小区有序充电试点为例，在配电变压器容量不变情况下，有序充电服务的车辆规模相比之前提升220%、充电电量提升224%。充电服务能力的提高，帮助小区节省了740千瓦的配电变压器投入，节约投资74.4万元。

有序充电的服务模式还可以降低充电设备的充电同时率，

从而增加配电变压器支撑充电桩的数量，方便客户申请报装。此外，参与有序充电的客户在未来还可以享受到更加优惠的电价政策，进一步降低充电成本。

此外，在江苏南京，电动汽车退役电池、光伏发电也参与到电动汽车充电服务当中，与电网形成了新的互动模式。2018年4月30日，南京六合服务区电动汽车快充电站投运。该电站是江苏省内首个基于电动汽车退役电池应用的光伏储能充电站，在使用光伏发电为电动汽车充电的同时，光伏储能电池也来源于电动汽车退役电池。

关于电站的运行模式，南京供电公司电动汽车服务分公司工作人员陆瑞说，“光伏储能充电站中的光伏发电，不仅可以为充电站供电，还可以余电上网，电量缺额也可以从电网补充。此外，我们还可以结合峰谷电价，峰时将电量上网，谷时从电网取电，形成充电站与智能电网的友好互动。”

随着电动汽车的持续发展，如何利用好动力电池这一巨大的储能资源，也直接影响着智慧车联网平台提供能源服务的质量。对此，国网电动汽车公司在2018年上线“储能云”平台，集合电动汽车电池等分布式储能资源，在提高清洁能源发电可控性的同时，增强电网平衡调节和安全保障能力，为用能智能化和电力需求响应提供条件。

（摘自：刘早、严喆、王明才、求力《国家电网加快建设公共充电网络，深化智慧车联网平台应用》，亮报，2018年5月30日）

6 全电厨房

一天，晓丽邀请闺蜜和大奔到她的新家做客。厨房里冰箱、洗衣机、电饭煲、洗碗机、电烤箱、电热水器等电器一应俱全，晓丽看到闺蜜好奇地盯着那个黑黑的“玻璃板”……

晓丽，你家的
燃气灶，怎么
没有灶头啊？

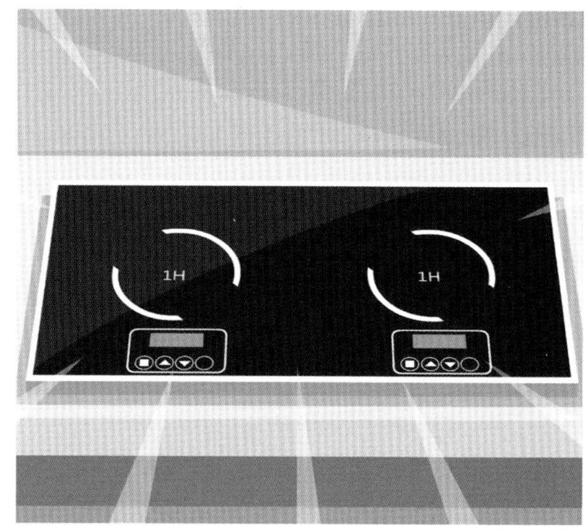
1H
1H

这是电磁灶。

电磁灶是靠电磁感
应传热的，不是靠
燃气燃烧传热的。

用电磁灶不用担心
燃气泄漏，也不产
生明火，安全性要
优于燃气灶。

用电磁灶炒菜比
燃气灶好吃吗？

哼哼！这才是关
键！看本厨娘给
你们露一手。

好香啊！
上菜咯！小心烫！

这电磁灶炒的菜
跟用燃气灶没什
么区别嘛！

大奔，改用电磁灶
后，家里原有的厨
具还能用吗？

只要是含铁分子的锅具都能使用！
铁
铝
铜

比如铁锅、铸铁锅、不锈钢锅等等，但铜锅、铝锅就不能用了。

哎！大奔，也给我讲讲吧！
自加入电气化小分队，我真是大开眼界，了解了很多现象背后的高科技。比如这个被大奔“忽悠”的电磁灶……

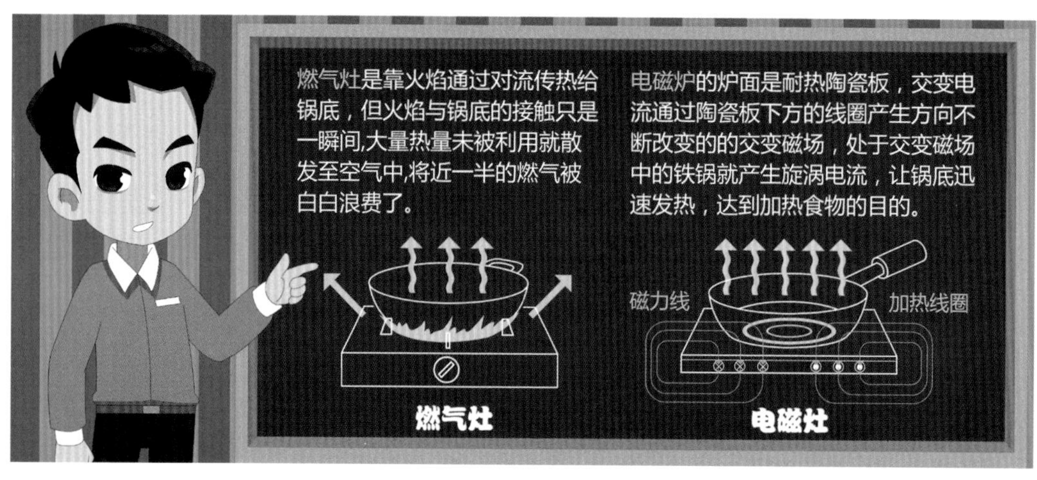
燃气灶是靠火焰通过对流传热给锅底，但火焰与锅底的接触只是一瞬间,大量热量未被利用就散发至空气中,将近一半的燃气被白白浪费了。
电磁炉的炉面是耐热陶瓷板，交变电流通过陶瓷板下方的线圈产生方向不断改变的的交变磁场，处于交变磁场中的铁锅就产生旋涡电流，让锅底迅速发热，达到加热食物的目的。
磁力线
加热线圈
燃气灶
电磁灶

由于电磁灶没有燃料残渍和废气污染，所以锅底很干净，很容易清洁。

电磁灶让锅体自身发热，减少了热量传递损失，其热效率可达 80%至92%，无废气排放，无噪声，大大改善了厨房环境。

电磁灶没有明火，就不会烧伤，没有爆炸风险，使用更加安全！

嗯，这些都很有吸引力！但是用电会不会比燃气更贵啊？

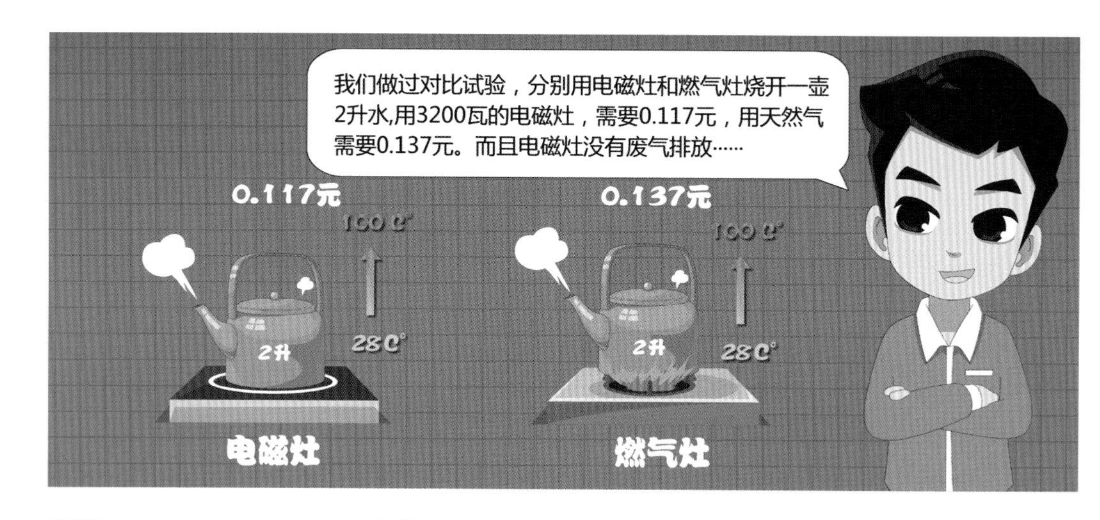
我们做过对比试验，分别用电磁灶和燃气灶烧开一壶2升水,用3200瓦的电磁灶，需要0.117元，用天然气需要0.137元。而且电磁灶没有废气排放……
0.117元
100 C°
2升
28C°
电磁灶
0.137元
100 C°
2升
28C°
燃气灶

可别小看厨房的碳排放，现在的雾霾、全球气候变暖都跟碳排放过量有关。我们刚做了一期厨房碳排放的节目。

据统计，将家用和商用厨房加起来，中国所有厨房一年碳排放总量高达15亿吨，相当于中国2015年所有私人小汽车一年碳排放总量的3.4倍。中国拥有超过4.1亿个家庭，按一家一台燃气灶计算，家用厨房一年二氧化碳排放量约10亿吨。

保卫蓝天
保卫蓝天，人人有责，明天就把我家的燃气灶换了!
人人有责

没问题！这事就包在我身上！
明天让大奔去你家给你改造一下！

有问 有答

1 为什么中国推广“全电厨房”被认为是“中国特色的低碳新行动”？

长期以来，“猛火爆炒”的中餐烹饪方式导致了高碳排放、高污染、高能耗等“三高”问题。中国拥有超过4.1亿个家庭，如果按每个家庭拥有1台燃气灶计算，那么中国的家用厨房一年二氧化碳排放量约10亿吨，一年能源消耗量约6.4亿吨标准煤。中国拥有约530万个商用厨房，大大小小的食堂、餐厅一年二氧化碳排放量约5亿吨，消耗约3.1亿吨标准煤。

将家用和商用厨房加起来，中国所有厨房的一年碳排放总量高达15亿吨，相当于中国2015年所有私人小汽车一年碳排放总量的3.4倍。单是一台商用中餐燃气灶一年的二氧化碳排放量，就相当于3辆小汽车。这是一个长期存在的、涉及世界近1/4人口的高碳排放问题。

“全电厨房”比燃气厨房可减少30%～50%碳排放，降低68%～77%能耗，节省22%～44%能源成本。

2 做饭用电磁灶还是燃气灶，哪个更划算？

从经济性看，国网北京市电力公司曾对家庭生活用电与用气的经济性进行过严格的测试比较，结果是：将2升28℃的水烧开，用3200瓦的电磁炉，耗电0.24千瓦时，需要0.117元；用天然气燃气灶，耗电0.06立方米，需要0.137元。

从安全环保角度看，由于电磁炉主要是通过磁场内线圈产生的涡流加热，因此，无燃烧现象，不产生烟火和一氧化碳，使用过程中不会像传统燃气那样产生有害气体或产生泄漏等危险。

由此可见，使用电磁炉做饭更省钱、更安全。

3 电磁炉的辐射很严重吗？

目前，还没有科学证据证明低频电磁场会给人类带来疾病。因此，“电磁炉辐射可能致癌”和“孕妇和儿童应尽量避免使用电磁炉”及“电磁炉使用不宜时间过长”等结论都缺乏科学依据。只要是符合国家标准、生产质量合格、具备标准认证、通过正规渠道购买的电磁炉产品都是安全可靠的。

7 农田电气化灌溉

一天，球球和大奔到郊外钓鱼，突然听到不远处的农田里传来嗒嗒的声音，还有黑黑的烟雾飘散在空中，一股浓浓的柴油味飘来，球球和大奔立刻循声过去……

哒
哒
哒

大叔，怎么还用柴油机浇地啊？

不用这用啥？种了半辈子地，一直这么干啊！

大叔，现在都用电灌溉了，既省钱又环保。

还有这样的好事?
走，上车！我带您去看看？

我们到啦！
李家村
电气化示范村

李大爷!
咦！大奔又带人来参观了……

李大爷，忙着呢！
不忙！不忙！今年这地的灌溉问题解决了！人也轻松多了！

大哥，麻烦问一下，用电浇地咋样啊？
很好啊，老弟！比用油省力、省心、又省钱啊！你跟我来看看吧。

电排灌机房
咱们到了，这是我们村的电排灌机房。

让李大爷给您说道说道吧！

用电浇地那是真省心啊。

现在机井通电了，地里都埋了水管，一刷电卡就自动抽水浇地，一个妇女就把活干了。村里的壮劳力都跑城里打工去了，大家一门心思忙致富啊！
电排灌机房

柴油机浇地那时候，半夜两三点就要去田里抢占机井，我家10亩地需要3~4天才能浇一遍，现在一个人不到一天就浇完了！
李家村
电气化示范村

大哥，用电浇地得比用柴油贵很多吧？

不贵！

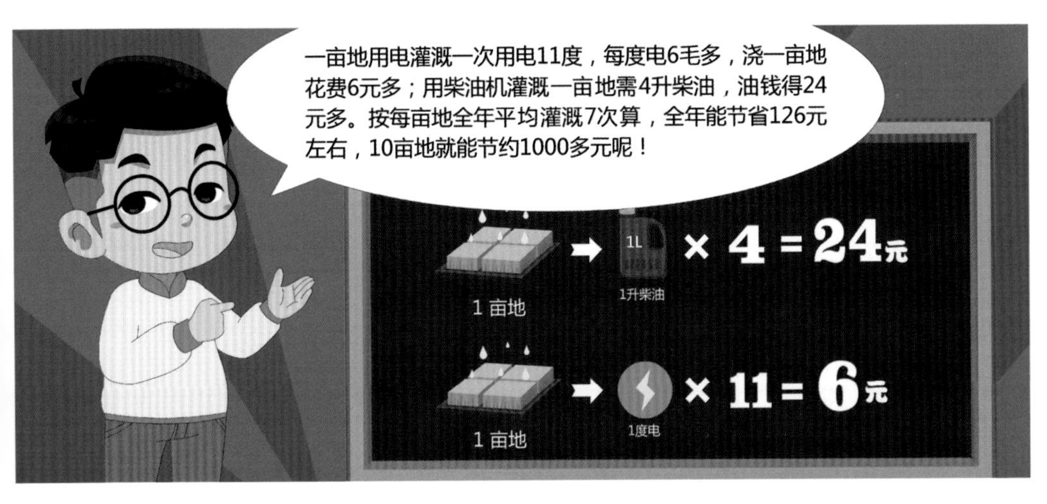
一亩地用电灌溉一次用电11度，每度电6毛多，浇一亩地花费6元多；用柴油机灌溉一亩地需4升柴油，油钱得24元多。按每亩地全年平均灌溉7次算，全年能节省126元左右，10亩地就能节约1000多元呢！
1L
1 亩地
1升柴油
× 4 = 24元
1 亩地
1度电
× 11 = 6元

现在是“犁地不用牛，浇地不用油”，以前可不敢想嘞！

大叔，“柴油机”替换成了电水泵，还可以减少因柴油导致的空气污染问题呢！
电排灌

是啊！天气这么差，污染物能少排点就少排点。我们能用上电排灌，都得感谢大奔啊！
电排灌机

这是我们国家实施的“农村井井通电工程”，要求逐县逐乡逐村逐井开展摸排，逐井提出通电方案。

粗略估算，工程实施完毕后每年可以节约燃油约300万吨，减排二氧化碳约1000万吨，每年为农民农田灌溉节约支出约130亿元。
李家村
电气化示范村
2016年政府工作报告
抓紧新一轮农村电网改造升级，两年内实现农村稳定可靠供电服务和平原地区井井通电全覆盖。

有问有答

1
什么是井井通电工程?

2016年3月，国家能源局、水利部、农业部发布了《农村机井通电工程2016—2017年实施方案》。国家能源局组织各省（区、市）能源主管部门和电网企业抓紧实施，逐县逐乡逐村逐井开展摸排，落实到每一个机井的坐标、所有人等，逐井提出通电方案。机井通电工程为全国1595756个机井通了电，完成投资490亿元，涉及全国17个省（区、市）和新疆生产建设兵团的1061个县的10688个乡镇，惠及1.5亿亩农田。粗略估算，每年可以节约燃油约300万吨，减排二氧化碳约1000万吨，每年为农民农田灌溉节约支出约130亿元。

井井通电前，每亩地每次柴油灌溉一般需要3人工作3小时，通电后仅需1人工作1.5至2小时，每年仅此一项就可以解放农村劳动力约150万人。

2
两种农田灌溉方式对比情况如何?

1. 应用方面

井井通电工程实施以前，广大农户灌溉浇地主要是靠小型柴油机为动力驱动水泵完成抽水。1台柴油机重270斤左右，壮劳力扛起来也不是件容易的事儿，有时候还要跨过田里的沟渠，不雇车不雇人是干不动的。而且使用中能耗较大、噪声高，还需储备柴油，又压资金还得防盗，同时，柴油机工作时排放的大量二氧化硫、烟尘、杂质对生态环境不利。

井井通电后，改用电动机驱动水泵抽水灌溉田地，一个人按一下按钮就能灌溉，可长时间作业，灌溉设备实现无人看守，家里的其他壮劳力可以从事其他工作。

2. 成本方面

灌溉一亩地平均用4升柴油，一升柴油6元，柴油灌溉的成本是24元。

用电灌溉一亩地平均耗电量为11度，农业排灌电价为0.6元/度，电力灌溉成本为6.6元。

因此，电动机抽水灌溉能耗小、噪声低、无污染，省时、省力、省钱是农民灌溉的首选。

延伸阅读

井井通电：注入农业发展新动能

井井通电工程对保障国家粮食安全、实现农业现代化、促进经济平稳增长具有重要意义。李克强总理在《2016年政府工作报告》中提出“抓紧新一轮农网改造升级，两年内实现农村稳定可靠供电服务和平原地区井井通电全覆盖”。经各级发展改革委（能源局）、水利和农业主管部门确认，国家电网公司经营区内共有15个省155市825县的153.5万眼机井纳入2016—2017年通电工程实施范围。

国家电网公司充分调动内外资源，与15个省（市、区）签署共同推进井井通电工程合作协议。几万干部和一线员工迎朝阳披晚霞，在狭窄的田间地头艰辛作业，全力以赴加快推进工程建设。

两年间，国家电网公司共投资456.9亿元用于井井通工程，新建、改造35千伏及以上变电站184座，架设输电线路1260.07千米，安装10千伏配电变压器22.9万台、总容量21270.86万千伏安，10千伏线路10.6万千米，低压线路28.2万千米。完成国家下达的153.5万眼机井通电任务，农田覆盖面积1.37亿亩，其中包括225个国家级贫困县的机井35.5万眼，农田覆盖面积2729万亩。

井井通电工程的实施极大地改善了中国农民的生产方式。特别是自然环境恶劣的贫困地区，农民从基本“靠天吃饭”，到如今旱涝不愁。

广袤中原，井井通电助力兰考率先脱贫。兰考县田地多为盐碱、沙土地，不能很好地保水、保墒，兰考两年井井通电投资8834.5万元，新增通电机井5617眼，28万亩土地喝上了“自来水”，井井通电助力兰考在河南省率先脱贫。两年时间，河南省新增通电机井38.1万眼，农田覆盖面积达到3056万亩。如

今，家里就算只有一位妇女，也只需轻轻一刷电卡，就可启动水泵浇地，一个人轻松完成所有灌溉过程。

塞上江南，电力灌溉有力推动了现代农业转型。宁夏地区干旱少雨，农业生产用水主要依靠凿渠引黄河水自流灌溉。随着近年来黄河水量逐年减少、水库蓄水不足，农业灌溉和城乡生活用水不足问题越来越严重。国网宁夏电力历时11个月在全国范围内率先完成全部2718眼井井通电任务，为自治区26万亩农田节省灌溉成本近60%，预计粮食亩产提升20%以上；同时有效带动上下游产业升级，促进种植业从传统粮食作物向高效、高附加值的经济作物转变，涌现了一大批农村经济新增长点。

通过工程实施，农业电力配套设施得到极大改善，农村用电更加安全可靠，农田抵御灾害能力有效提升，为改善农民生产生活条件，促进农民节支增收，助力农村脱贫攻坚，加快农业产业升级提供了有力支持。

更重要的是，井井通电工程极大地节约了农业生产成本，通电后每亩地浇一遍水平均节省燃油消耗4升，节约农民支出约29.43元，减少劳力3～4人。每年节省农民支出116.2亿元，减少燃油消耗274.8万吨，减少二氧化碳排放875万吨，经济效益和社会效益显著。

为民服务始终在路上。国家电网公司将持续做好通电机井供电服务工作，建立长效机制，及时满足新出现的通电需求，确保国家惠民利民政策发挥最大效益。

（摘自：《新一轮农网改造升级“两年攻坚战”工程建设纪实》，中国电力出版社2017年11月出版）

8 清洁电远方来

经过电气化小分队的广泛宣传动员和各方齐心协力投入大气污染治理，B 市的空气质量有了显著的改善。一天，阳光明媚，晓丽、大奔和球球再次相聚……

B市的蓝天又回来了，我们电气化小分队功不可没啊！

大奔，有一个问题我一直想问你。为了改善空气质量，我们向百姓大力推荐“以电代煤、以电代油”的电能替代方案。

但是，我们用的电主要是靠燃煤发电得来的，在电的生产环节还是有污染啊！？
煤
电

对啊！在百姓这儿不污染了，但在电力生产环节还是污染环境啊？

这个问题提得好！一直以来，我们国家主要依靠煤炭发电的，这是因为我国煤炭储量丰富。

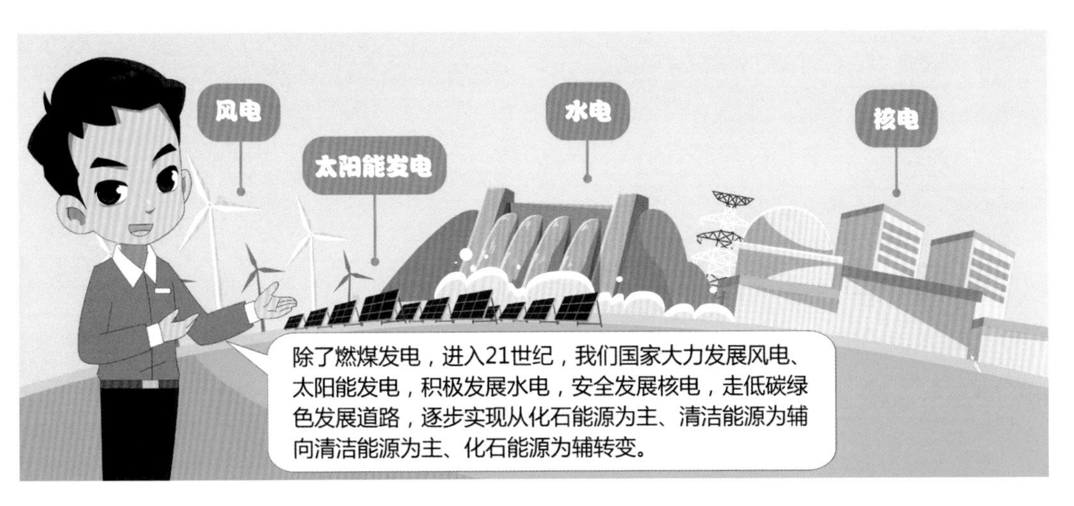
风电
太阳能发电
水电
核电
除了燃煤发电，进入21世纪，我们国家大力发展风电、太阳能发电，积极发展水电，安全发展核电，走低碳绿色发展道路，逐步实现从化石能源为主、清洁能源为辅向清洁能源为主、化石能源为辅转变。

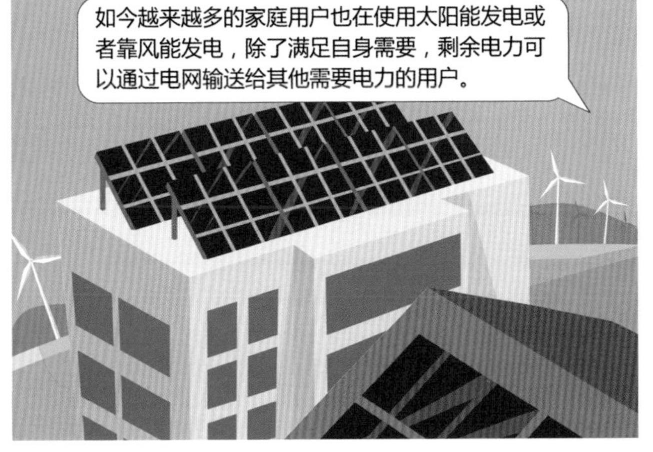
如今越来越多的家庭用户也在使用太阳能发电或者靠风能发电，除了满足自身需要，剩余电力可以通过电网输送给其他需要电力的用户。

这样，燃煤发电量占总发电量的比重就可以逐渐降低。

水电站、风电站和核电站都离我们B市那么远，我们只能靠燃煤发电，那雾霾天气会一直困扰我们喽？！
送不到啊！
雾霾
B市

特高压之前的输电技术叫超高压输电，特高压与超高压相比，输电距离是超高压的3倍，输电容量是它的4倍，而输电损耗只有它的1/3 。

输电距离
长距离
输电容量
大容量
输电损耗
低损耗
特高压输电
超高压输电

那我们怎么才能用上清洁电力呢？

我们国家水能、风能和太阳能等资源都集中在西部，而用电需求大的城市都集中在东部。

在资源丰富的西部建大型清洁能源发电厂，通过特高压电网送到东部，用西部的清洁电替代东部的燃煤发电，可以有效解决困扰我们的大气污染问题。
西部
东部

在发电环节清洁替代，在用能环节电能替代，这两个替代，就能使我们的空气越来越清新啦！

有问有答

1 什么是清洁能源？

清洁能源是指在能源生产、消费过程中，转化利用效率高、经济高效，并且能源使用不会对生态环境产出污染物或者非常低的污染物的能源，包括可再生能源（太阳能、风能、水能等）和非可再生能源。其中，非可再生能源是指在生产、消费过程中尽量减少对生态环境的污染，如采用清洁能源技术处理过的化石能源——洁净煤、洁净油等。

2 为什么说能源的发展要以电力为中心？

能源发展以电力为中心是由电力的特性、我国的能源禀赋和能源发展的规律来决定的。所有的一次能源都能转换成电力，而电力又可以方便地转换成动力、光、热以及电物理和电化学作用。电力是清洁的能源，可以大规模生产、远距离输送，在分配系统中可以无限划分。电力的使用十分方便，可以精密控制。这些特性使电力成为现代社会使用最广、需求增长最快的能源。我国传统化石能源资源以煤为主，石油、天然气等优质化石能源相对不足，可再生能源资源开发潜力巨大。解决煤烟污染，主要是依靠煤炭的清洁利用，要求把更多的煤炭转变成电力。开发可再生能源和新能源，绝大多数也需要转变成电力来使用。

能源发展以电力为中心是世界潮流，特别是20世纪后半叶，电力在世界各国能源和经济发展中的作用日益显著，世界上电力消费增长率都高于能源消费增长率。

无论从电力与其他能源品种之间的关系看，还是从保障能源安全、优化能源结构、保护生态环境和应对气候变化等方面来看，都必须以电力为中心。

3
党的十九大报告指出，推进能源生产和消费革命，构建清洁低碳、安全高效的能源体系。中国的能源发展应注意什么？

我们必须从中国实际出发制定中国的能源发展战略。发达国家能源消费以油气为主，水电已开发完成，核电原本已有很大发展，考虑到核安全问题，不打算再开发新的核电。发达国家的当地污染已得到有效治理，现在将重点转向开发新能源和全球环境治理，降低二氧化碳排放，实现低碳转型。

而中国，由于能源资源禀赋和立足国内满足需求的能源方针，决定了我们将长期保持以煤为主的一次能源消费结构。天然气的开发和消费水平很低，水电也没有开发完，核电才刚刚起步，中国在能源开发和利用上还需要开发这些常规能源，而不能像发达国家那样将能源工作重点转向开发新能源和全球环境治理。

中国的能源发展应着重考虑以下问题：

一是节能。与发达国家一样，中国将节能与提高能效放在能源战略的首要位置。但与已完成工业化、城市化的发达国家不同的是，他们将节能重点放在建筑和交通领域，而我们在重视这两个领域的同时，还要把节能工作的重点放在能源消耗最大的工业领域。

二是解决煤烟污染。煤炭的高效、清洁、低排放利用是中国面临的非常紧迫的问题。燃煤设备的污染控制不仅在发电领域，更重要的是要解决全国几百万台燃煤锅炉和居民做饭、取暖用煤设施的污染物排放控制问题。燃煤发电是煤炭的高效、清洁、低排放利用的重要途径。应该用电力或天然气替代发电以外的用煤，像美国、欧洲等发达国家一样，将80%～90%的煤炭用于发电。

三是加快发展天然气。欧洲主要城市在20世纪五六十年代也曾面临目前正困扰我国许多城市的大气污染问题，后来随着电力和天然气大规模替代煤炭，大气污染问题得到解决。我国拥有丰富的天然气、页岩气、煤层气等气体能源，如能加快开发利用，把工业和城乡居民使用的煤炭替换下来，可使城乡大气污染得到治理，还可以提高能源利用效率。

四是发展水电和核电。水电和核电是非化石能源，水电还是可再生能源，我国是世界上水力资源最为丰富的国家之一，目前还有相当大的开发潜力。中国的核电才刚刚起步，有广阔的发展前景。

五是开发新能源。新能源是指在新技术基础上系统地开发利用的可再生能源，如太阳能、风能、生物质能、海洋能、地热能、氢能等。*新能源是世界新技术革命的重要内容，是未来世界持久能源系统的基础。在新能源中，目前技术比较成熟、经济性比较好的主要有风力发电、太阳能光伏发电和太阳能热发电。

（摘自：朱成章《浅谈以电力为中心的绿色能源战略》，中外能源，2012年第17卷）

---

* 《能源词典》中对新能源的释义。

延伸阅读

带你看看世界上最先进的输电技术—特高压!

特高压是啥?

特高压是指1000千伏及以上交流输电和±800千伏及以上直流输电，是目前世界上最先进的输电技术，具有远距离、大容量、低损耗、少占地的综合优势。

目前，国家电网已累计建成“八交十直”特高压工程，在建“四交一直”特高压工程，在运在建23项特高压工程线路长度达到3.3万公里，变电（换流）容量超过3.3亿千伏安（千瓦）。

该工程最大限度发挥了电网资源调配作用。冬季枯水季节，湖北通过特高压接受北方火电输入，夏季丰水季节，又通过特高压将西南四川富余水电送到华北电网，缓解了山东等地的缺电状况，南北互济，水火交融，实现了电网资源的优化配置。9年来，晋东南—南阳—荆门交流特高压试验示范工程一直安全稳定运行。

您可能想问了，特高压对我们普通人有啥好处呢？我平常用的就是220伏的市电，看到的都是10千伏电杆，这些和高大上的特高压有啥关系呢?

其实，普通人早就收到了特高压送出的大礼包，只是您平常感觉不到哦。

西部、北部地区能源大规模开发外送

我国西部、北部地区能源资源丰富，实施大规模“西电东送”“北电南送”是我国能源发展的重大战略。

我们常说，要想富，先修路。想送电，没有“路”——通道，肯定不行；想大规模送电，没有“高速公路”——大容量通

扎鲁特—青州±800千伏特高压直流工程

截至2018年12月，作为世界首个1000千伏特高压交流工程，晋东南—南阳—荆门特高压交流试验示范工程已经快10岁了。

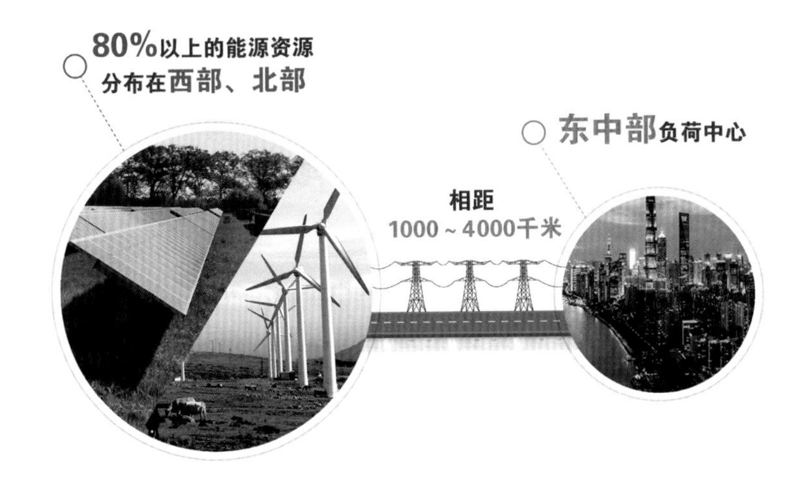

道，更不行。特高压就是这样一条电力高速公路。

目前，国家电网有限公司经营区域内的特高压工程已经累计送电超过9000亿千瓦时，相当于从空中运送约2.9亿吨标准煤。

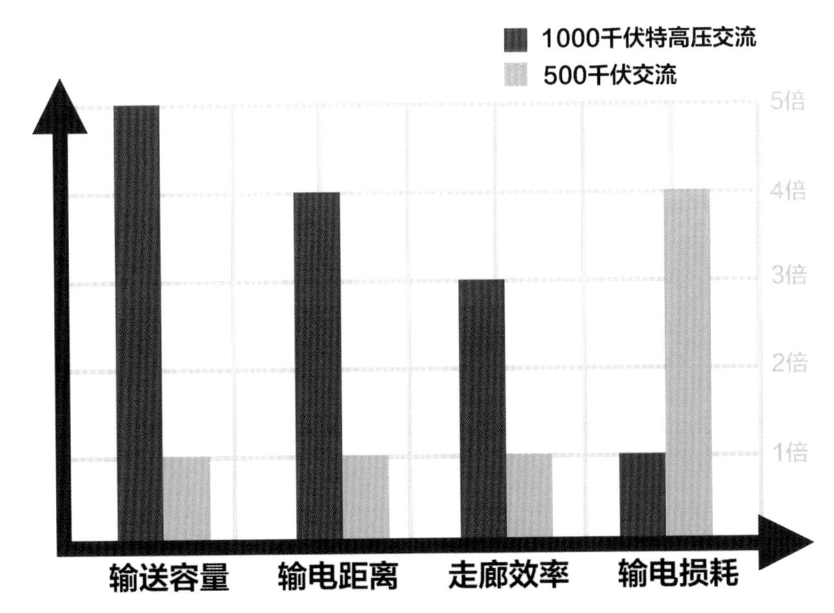

◎ 1000千伏特高压交流与500千伏交流输电

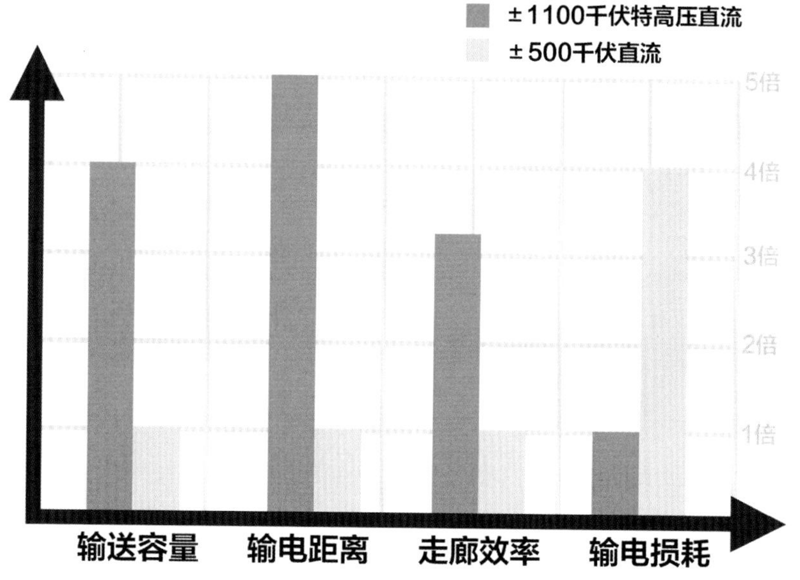

±1100千伏特高压直流与±500千伏直流输电

东中部地区，电力供应更安全更可靠

我国东中部地区经济发达，用电基数大、比重高，但一次能源资源匮乏，土地和环保空间有限，保障电力供应的压力较大。

这时候，特高压大容量、低损耗、少占地的综合优势就显现出来了。

2018年1~8月，特高压交直流交易电量完成1811.82亿千瓦时，相当于100万台1匹空调在标准工况下连续运行28年。

小伙伴们可以试想一下：

——如果没有特高压工程的远距离输送，西部地区清洁能源无法外送，当地的经济发展无从谈起。

——如果没有特高压工程实现能源资源大范围优化配置，单单依靠分布式能源，东部地区僧多粥少的电力供应局面无法解决，完全不现实。

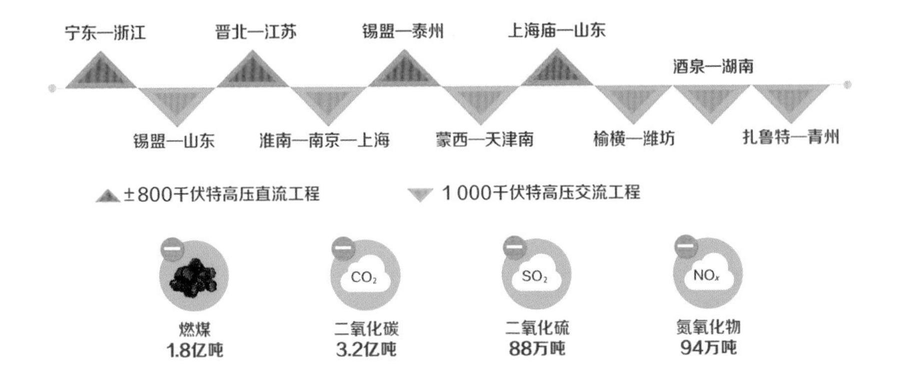

除雾霾，空气清

目前，华东、华北地区燃煤电厂分布密集。在西部、北部能源基地集中建设大容量燃煤坑口电站及新能源电厂，通过特高压工程外送，煤炭综合利用效率高、排放治理效果好。

巴西美丽山特高压直流输电一期工程

国家电网有8条特高压交直流工程纳入国家大气污染防治行动计划。

根据测算，这8条特高压交直流工程加上酒泉—湖南、扎鲁特—青州两项特高压直流工程，每年可减少燃煤消耗1.8亿吨，减排二氧化碳3.2亿吨、二氧化硫88万吨、氮氧化物94万吨，显著改善东中部环境质量。

		工程名称	电压等级	线路长度（公里）	变电/换流容量（万千伏安/万千瓦）	投运时间
在运	交流	晋东南—南阳—荆门	1000千伏	640	1800	2009/2011年
		淮南—浙北—上海	1000千伏	2×649	2100	2013年
		浙北—福州	1000千伏	2×603	1800	2014年
		锡盟—山东	1000千伏	2×730	1500	2016年
		蒙西—天津南	1000千伏	2×608	2400	2016年
		淮南—南京—上海	1000千伏	2×738	1200	2016年
		锡盟—胜利	1000千伏	2×240	600	2017年
		榆横—潍坊	1000千伏	2×1049	1500	2017年
	直流	向家坝—上海	±800千伏	1907	1280	2010年
		锦屏—苏南	±800千伏	2059	1440	2012年
		哈密南—郑州	±800千伏	2192	1600	2014年
		溪洛渡—浙西	±800千伏	1653	1600	2014年
		宁东—浙江	±800千伏	1720	1600	2016年
		酒泉—湖南	±800千伏	2383	1600	2017年
		晋北—江苏	±800千伏	1119	1600	2017年
		锡盟—泰州	±800千伏	1620	2000	2017年
		上海庙—山东	±800千伏	1238	2000	2017年
		扎鲁特—青州	±800千伏	1234	2000	2017年
在建	交流	苏通GIL综合管廊	1000千伏	—	—	2019年
		北京西—石家庄	1000千伏	2×228	—	2019年
		潍坊—临沂—枣庄—菏泽—石家庄	1000千伏	2×820	1500	2019年
		蒙西—晋中	1000千伏	2×304	—	2019年
	直流	准东—皖南	±1100千伏	3 324	2400	2018年
		青海—河南	±800千伏	1587	—	2021年

拉动经济增长，推动装备制造业转型升级

特高压电网中长期经济效益显著，可有力带动电源、电工装备、用能设备、原材料等上下游产业，推动装备制造业转型升级，培育新增长点、形成新动能，促进区域经济协调发展，对提升经济发展质量、效益、效率将发挥十分重要的作用。

据测算，“十三五”期间，包括特高压工程在内的电网工程规划总投资2.38万亿元，带动电源投资3万亿元，合计约5.4万亿元，年均拉动GDP增长超过0.8个百分点。

特高压的好，连外国人都知道

特高压不仅在国内遍地开花，还走出了国门。国家电网有限公司掌握了具有自主知识产权的特高压输电技术，并将特高压技术和设备输出国外。国家电网有限公司成功中标巴西美丽山水电特高压直流送出一期与二期项目，实现了我国特高压技术、装备、工程总承包和生产运营成套“走出去”。

现在，国家电网有限公司的特高压大家庭人丁兴旺——

细心的小伙伴估计一眼就看出来，特高压家族里有两大孪生兄弟——特高压交流与特高压直流，他俩在电网缺一不可，只有相互配合，才能发挥更好的作用。

交流线路、直流线路从来都是配合使用、相互补充的，比如，500千伏交流与500千伏直流是相互匹配的。因此，特高压直流与特高压交流也是匹配的。专家说：如果将500千伏直流比作大型船只，那么，特高压直流就是万吨巨轮，需要停靠安全、稳固的深水良港，这个深水港就是特高压交流电网。专家还有另外一个比喻：特高压直流好比直达航班、一飞到底，中途不能停，而特高压交流则是高速公路，既能快速到达目的地，在中途也有出口，能“停”。

特高压，世界电力的珠穆朗玛峰，实现了中国制造、中国创造、中国引领，带来了经济效益、社会效益和环境效益。

未来，特高压工程还会静静伫立，默默地输送更多清洁能源。

（摘自：李亚琛、邸璇、张竞如、李彦《带你看看世界上最先进的输电技术——特高压！》，电网头条，2018年9月27日）